Bibliografische Information der Deutschen Nationalbibliothek:

Die Deutsche Bibliothek verzeichnet diese Publikation in der Deutschen National-
bibliografie; detaillierte bibliografische Daten sind im Internet über http://dnb.d-
nb.de/ abrufbar.

Impressum:

Copyright © 2018 GRIN Verlag
Druck und Bindung: Books on Demand GmbH, Norderstedt Germany
ISBN: 9783668822955

Dieses Buch bei GRIN:

https://www.grin.com/document/445634

Marie-Sophie Drews

Inwiefern bestehen typische, in der Literatur beschriebene, Schülervorstellungen zur Photosynthese bei Schüler_innen einer 7. Klasse ?

GRIN Verlag

WESTFÄLISCHE WILHELMS-UNIVERSITÄT MÜNSTER
Fachbereich Biologie
Zentrum für Didaktik der Biologie

Marie-Sophie Drews

3. Fachsemester Med Gym/Ges Biologie und Sport
Vereinbartes Abgabedatum: 01.09.2018
Eingereicht am: 07.08.2018

<u>Studienprojekt Biologie</u>

„Inwiefern bestehen typische, in der Literatur beschriebene Schülervorstellungen zur Photosynthese bei Schüler_innen einer 7. Klasse, eines Gymnasiums?"

Prüfungsleistung

Angaben zum zweiten Studienprojekt:
Vereinbarter Abgabetermin: 31.08.2018
Titel des Projekts: „Welche Kounin´schen Klassenführungsdimensionen können im Rahmen eines Studienprojekts Bildungswissenschaften beobachtet werden?"

Inhaltsverzeichnis

Tabellenverzeichnis

1 Einleitung

Die Photosynthese ist ein wichtiger biochemischer Prozess der Pflanzen. Dabei werden aus energiearmen, anorganischen Stoffen, energiereiche organische Produkte gebildet, die für autotrophe als auch für heterotrophe Lebewesen nutzbar sind. Arnon (1982) bezeichnet die Photosynthese deshalb als den wichtigsten biochemischen Prozess der Welt (zit. n. Barker & Carr, 1989, S. 49).

Gleichzeitig gilt die Photosynthese als ein sehr komplexes und unzugängliches Thema für Schülerinnen und Schüler im Biologieunterricht (Stavy, Eisen, & Yaakobi, 1987; Waheed & Lucas, 1992).

Laut Kernlehrplan NRW für Gymnasien wird die Photosynthese sowohl in Klasse fünf und sechs als auch in den Klassen sieben beziehungsweise neun thematisiert. Auch im Kernlehrplan NRW der Sekundarstufe zwei ist unter dem Inhaltsfeld Ökologie der inhaltliche Schwerpunkt Photosynthese aufgeführt.

Obwohl das Thema immer wieder im Unterricht aufgegriffen wird, konnte ich im Rahmen meiner Unterrichtshospitationen während des Praxissemesters feststellen, dass Schüler[1] Begriffe wie „Photosynthese", „Pflanzenernährung" und „Sauerstoffbildung" in falschen Kontexten verwendeten und damit verbundene Prozesse nicht korrekt oder nur unvollständig erklären konnten.

Sogenannte Schülervorstellungen weichen häufig von den fachlichen Vorstellungen ab, basieren häufig auf Alltagserfahrungen und können den Lernprozess erheblich beeinflussen (Hammann & Asshoff, 2014, S. 8-10). Werden hartnäckige Schülervorstellungen nicht beachtet, können sie dem Schüler auch nach der jeweiligen Themenbehandlung im Unterricht bestehen bleiben. Die Diagnose von Schülervorstellungen ist demnach ein wichtiges Unterrichtsinstrument für Lehrkräfte, welche an dem Kenntnisstand ihrer Lerngruppe interessiert sind.

In dieser Arbeit wird mit Hilfe eines quantitativen Fragebogens ein Modell vorgestellt, das Lehrkräften ermöglichen soll die eigene Lerngruppe auf vorherrschende Schülervorstellungen zu untersuchen.

---

[1] Aus Gründen der besseren Lesbarkeit wird auf die gleichzeitige Verwendung männlicher und weiblicher Sprachformen verzichtet. In der Regel wird die männliche Schreibweise verwendet. Sämtliche Personenbezeichnungen gelten grundsätzlich für beiderlei Geschlecht.

2 Theoretischer Hintergrund

Um das Ausmaß der jeweiligen Schülervorstellungen zu verstehen und den bisherigen Forschungsstand zu veranschaulichen wird im Folgenden zunächst die fachliche Vorstellung zum Thema Photosynthese dargestellt.

Pflanzen sind autotrophe Lebewesen. Grüne Pflanzen können aus anorganischen, energiearmen Verbindungen eigenständig energiereiche Verbindungen herstellen. Nicolas-Théodore de Saussure konnte beweisen, dass Pflanzen den Kohlenstoff aus der Luft in Form von Kohlenstoffdioxid aufnehmen und nicht wie zuvor angenommen durch die Erde (Hammann & Asshoff, 2014, S. 134) Die Bezeichnung „Nährstoffe" kann im Zusammenhang mit der Pflanzenernährung demzufolge irreführend sein. Der Begriff könnte von Schülern mit der festen Nahrung der Menschen gleichgesetzt werden und somit die Vorstellung erschweren, dass Pflanzen auch gasförmige Nährstoffe erhalten, wie zum Beispiel Kohlenstoffdioxid. Mineralstoffe, die Pflanzen in Form von Ionen durch Dünger aufnehmen, verbessern zwar das Wachstum, sind jedoch nur für fünf Prozent des Biomassezuwachses verantwortlich (Hammann & Asshoff, 2014, S. 134, 139).

Weitere fachliche Erkenntnisse über die Photosynthese sind als „Statements" im Anhang, als Vorlage für die Items des Fragebogens vorzufinden.

Schülervorstellungen sind sehr individuell und reichhaltig (Haman & Asshoff, 2014). Daher werden sie häufig durch qualitative Methoden erhoben, wie beispielsweise durch Schülerinterviews. Da quantitative Methoden jedoch mit einem hohen Zeitaufwand verbunden sind, eignen sie sich nicht für Lehrkräfte, die an dem Kenntnisstand ihrer Lerngruppe interessiert sind.

Die Grundlage dieser Arbeit bilden verschiedene Studien, in denen Schülervorstellungen zur Photosynthese erhoben und anschließend studienübergreifend zu ähnlichen Denkfiguren gebündelt wurden.

Eine häufig auftretende Schülervorstellung über die Pflanzenernährung ist, dass die Nährstoffaufnahme durch den Boden und die Wurzeln stattfindet. Laut dieser Vorstellung erreichen die Pflanzen einen Biomassezuwachs durch die Nährstoffaufnahme aus der Erde (Stavy et al., 1988, S. 112; Steigert, 2012, S. 147). Die Humustheorie beschreibt die Schülervorstellung, dass Pflanzen durch die

Aufnahme von energiereichem, abgestorbenem Material aus dem Boden wachsen (Schubert 2011, S.134). Eine weitere Denkfigur von Schülern ist die Theorie, dass Pflanzen wachsen, indem sie essen und trinken wie Menschen. Dieser Anthropomorphismus stellt folglich eine Analogie zur heterotrophen Ernährung dar (Driver et al., 1984, zitiert nach Bell, 1985, S. 215). Gleichzeitig begreifen Schüler die Photosynthese häufig als reinen Gasaustausch, bei dem im Unterschied zum Menschen, Kohlenstoffdioxid aufgenommen wird und Sauerstoff abgegeben wird („inverse respiration") (Canal, 1999). Die Produktion organischer, energiereicher Stoffe durch die Photosynthese wird dabei oft außer Acht gelassen.

Auch zum Ablauf der Photosynthese konnten in verschiedenen Studien stets ähnliche Denkfiguren gefunden werden. Schüler stellen sich beispielsweise häufig vor, dass die Photosynthese am Tage und die Zellatmung in der Nacht stattfinde (Haslam & Treagust 1987: Stavy et al., 1987, S.110).

Diese sich stets wiederholenden, charakteristischen Denkfiguren lassen sich durch zahlreiche empirische Studien bestätigen und sind heutzutage vielen Lehrkräften bekannt. Demnach stellt sich die Frage, welche dieser Schülervorstellungen auch in der eigenen Lerngruppe bestehen und deshalb im Unterricht thematisiert werden sollten.

Um ein aussagekräftiges Instrument zur Feststellungen von Schülervorstellungen zur Photosynthese zu entwickeln, welches auch von Lehrkräften genutzt werden kann, haben Marmoti & Galanopoulou (2006) einen Schülerfragebogen erarbeitet. Der Fragebogen ist an die Arbeit von Tamir (1991) angelehnt und soll diesem Projekt als Vorlage dienen. Die Autoren nutzen bereits erhobene Denkfiguren aus empirischen Studien und lassen diese von Schülern in einem Multiple Choice Test bearbeiten.

3 Forschungsfrage

Aufgrund der häufig auftretenden Verständnisprobleme, die Schüler mit dem Thema Photosynthese haben, wird im Rahmen dieses Forschungsberichts untersucht, welche der bereits empirisch erhobenen Denkfiguren bei den Schülern einer siebten Klasse zum Thema Photosynthese vorhanden sind.

Der vorliegenden Untersuchung liegt dementsprechend die folgende Frage zugrunde:

„Inwiefern bestehen typische, in der Literatur beschriebene Schülervorstellungen zur Photosynthese bei Schüler_innen einer 7. Klasse, eines Gymnasiums?"

Um vor allem Lehrkräften zu ermöglichen, ihre eigene Lerngruppe auf diese Frage hin zu testen, wird ein quantitativer Fragebogen mit geschlossenem Antwortformat zur Hilfe genommen.

4 Methode

Bei der ausgewählten Lerngruppe handelt es sich um eine 7. Klasse eines Gymnasiums. Ungefähr acht Wochen vor der eigentlichen Befragung wurde das Thema Photosynthese im Unterricht behandelt.

Bei dem Fragebogen handelt es sich um einen Multiple Choice Test mit zehn Wissensfragen und geschlossenem Antwortformat zum Thema Photosynthese, angelehnt an die Arbeit von Marmoti & Galanopoulou (2006). Jede Frage ist mit vier bis fünf Antwortmöglichkeiten versehen. Die Disktraktoren basieren, wie in der Originalstudie auch, auf Schülerantworten aus bereits erhobenen repräsentativen Interviews oder offenen Befragungsmethoden.

Die Items sind ebenfalls an zuvor durchgeführte offene Fragformate angelehnt und stammen aus insgesamt fünf Themenbereichen. Diese wurden aus der Arbeit von Marmoti & Galanopoulou (2006) größtenteils übernommen und anhand des Lehrplans NRW und des Biologiebuches aus dem Unterricht modifiziert. Sie umfassen: Pflanzenphysiologie, Photosynthese und Energie, die chemische Gleichung der Photosynthese, sowie Autotrophie (siehe Tabelle Anhang). Auf das Themenfeld „Photosynthese und Zellatmung" wurde in diesem Fragebogen verzichtet, da die Schüler im Unterricht lediglich die Photosynthese thematisiert haben. Fragen zum Thema: „Photosynthese im Zusammenhang mit dem Ökosystemen" wurden aus zeitlichen Gründen ebenfalls ausgelassen.

Die Items ergänzen sich teilweise, so dass über Queranalysen in der Auswertung, detailliertere Aussagen über das Verständnis der Schüler_innen über die Photosynthese gemacht werden können (Marmoti & Galanopoulou, 2006).

Es wurde ebenfalls auf eine angemessene Sprache, sowie auf die angemessene Verwendung von Fachbegriffen geachtet und ausschließlich Begriffe verwendet, die den Texten aus dem Unterricht entsprechen.

Tests dieser Art führen häufig zu dem Phänomen, dass Fragen richtig beantwortet werden können, obwohl der Schüler die richtige Antwort nicht kennt. Dies ergibt sich zum einen durch eine Ratewahrscheinlichkeit und zum anderen durch ungünstig gewählte Disktraktoren, die dem Schüler die Wahl der richtigen Antwort erleichtert.

Um die Validität zu erhöhen, fügen Marmoti & Galanopoulou (2006) dem Multiple Choice Test Fragen mit Antwortmöglichkeiten hinzu, die sich nicht in „correct/incorrect", sondern in „the right answer/ the best answer" unterscheiden. Die Schüler müssen zwischen grundsätzlich richtiger Antwort und derjenigen Antwort entscheiden, die ebenfalls zutrifft und die Fragstellung gelichzeitig spezifischer beantwortet. Unter diesen Voraussetzungen können sich die Schüler nicht auf grobe Erinnerungen aus dem Unterricht und ein dadurch ermöglichtes Ausschlussverfahren beziehen (Tamir, 1991, S. 188).

Über dieses Antwortformat werden die Schüler vor der Bearbeitung des Tests informiert.

Bis auf wenige Änderungen, die im Folgenden erläutert werden, wurden die Fragen des Tests sowie die Methode zur Auswertung vollständig von Marmoti & Galanopoulou (2006) übernommen.

Damit die Schüler bei aufeinander aufbauenden oder zusammenhängenden Fragen nicht die Möglichkeit haben, auf vorherige Antworten zurückzugreifen, wurden solche Fragen auf zwei verschiedenen Seiten platziert und mussten nacheinander bearbeitet werden. Um die Ratewahrscheinlichkeit möglichst gering zu halten wurden den Fragen drei und neun jeweils noch ein Distraktor (Antwort D) hinzugefügt. Auf die vier offenen Fragen in der Originalstudie wurde aus zeitlichen Gründen hier verzichtet.

5 Ergebnisse

Um festzustellen, ob die Schüler wissen, dass die Photosynthese in den grünen Bereichen der Pflanze stattfindet und diese das Chlorophyll enthalten, wurden die, in Tabelle 1 aufgeführten Fragen, gestellt. Obwohl die Mehrheit der Schüler beide Fragen unabhängig voneinander richtig ankreuzt, konnten nur 10 % der Schüler beide Fragen vollständig richtig beantworten (s. Tabelle 2). Dies stimmt mit den Ergebnissen von Marmoti & Galanopoulous (2006, S. 390) überein. Da sich Chlorophyll aber auch (hauptsächlich) in den Blättern der Pflanze befindet, entschieden sich weitere 45% der Schüler ebenfalls korrekt für diese Antwort, dass die Photosynthese dort stattfindet, wo sich das Chlorophyll befindet. 45 % der Schüler lokalisieren das Chlorophyll unabhängig vom Ort der Photosynthese. Davon entscheiden sich 25 % der Schüler dafür, dass die Photosynthese in den Blättern stattfindet und ordnen das Chlorophyll allen grünen Bestandteilen der Pflanze zu. Chlorophyll wird demnach deutlich öfter zutreffend lokalisiert, als dass die Funktion des Farbstoffs bestimmt werden kann.

5.1 Physiologie

Tabelle 1: Schülerantworten (%) auf die Fragen:" Wo findet die Fotosynthese statt" und "Welche Rolle spielt das Chlorophyll bei der Photosynthese?"

Wo findet die Fotosynthese statt?		Wo befindet sich das Chlorophyll in der Pflanze?	
Antwort	%	Antwort	%
Die Fotosynthese findet in den Blättern statt.	75	Das Chlorophyll befindet sich in den Wurzeln.	5
Die Fotosynthese findet in allen grünen Bestandteilen der Pflanze statt.	15	Das Chlorophyll befindet sich in den Blättern.	60
Die Fotosynthese findet in der gesamten Pflanze statt.	5	Das Chlorophyll befindet sich in der gesamten Pflanze.	0
Die Photosynthese findet in den Wurzeln statt.	5	Das Chlorophyll befindet sich in allen grünen Bereichen der Pflanze.	35

Tabelle 2: Queranalyse der Schülerantworten zu den Fragen "Wo findet die Fotosynthese in einer Pflanze statt" und "o befindet sich das Chlorophyll (Blattgrün) in der Pflanze"

Antwort	%
Die Fotosynthese findet in den Blättern statt und das Chlorophyll befindet sich in den Blättern.	45
Die Fotosynthese findet in den Blättern statt und das Chlorophyll befindet sich in allen grünen Bereichen der Pflanze.	25
Die Fotosynthese findet in allen grünen Bestandteilen der Pflanze statt und das Chlorophyll befindet sich in allen grünen Bereichen der Pflanze.	10
Die Fotosynthese findet in der gesamten Pflanze statt und das Chlorophyll befindet sich in den Blättern.	5

55 % der Schüler entscheiden sich korrekt dafür, dass Photosynthese nur bei ausreichend Licht stattfinden kann (s. Tabelle 3). Weiteren 15 % ist scheinbar bewusst, dass Licht (tagsüber) für die Photosynthese wichtig ist. 30 % der Schüler kreuzen an, dass Photosynthese unabhängig vom Licht stattfinden kann.

Tabelle 3: Schülerantworten (%) auf die Frage "Wo findet Fotosynthese statt?"

Antwort	%
Fotosynthese findet tagsüber statt	15
Fotosynthese findet immer statt.	25
Fotosynthese findet nur bei ausreichend Licht statt.	55
Fotosynthese findet im Dunkeln statt.	5

5.2 Photosynthese und Energie

Anschließend sollte die in Tabelle 4 dargestellte Frage das Verständnis der Schüler im Hinblick auf den Zusammenhang zwischen Sonne und Photosynthese verdeutlichen.

Tabelle 4: Schülerantworten (%) auf die Frage "Welche Rolle spielt die Sonne bei der Fotosynthese?"

Antwort	%
Die Sonne wärmt die Pflanze, was wichtig für die Fotosynthese ist.	15
Die Sonne stellt der Pflanze Energie bereit, die für die Fotosynthese benötigt wird.	80
Die Sonne versorgt die Pflanze mit Nahrung, um die Fotosyntheserate zu steigern.	0
Die Sonne ist nicht wichtig für die Fotosynthese.	5

80 % der Schüler beantworten die Frage korrekt. Nur ein Schüler (5 %) kreuzt an, dass die Photosynthese unabhängig von der Sonne stattfinden kann.

Tabelle 5 zeigt, dass sich nur 35 % der Schüler richtig für die erste Antwortmöglichkeit entscheiden. Weitere 15 % wählen bezüglich der Sonne ebenfalls die korrekte Antwort. Sie vernachlässigen jedoch, dass die Lichtintensität auch tagsüber zu gering sein kann, um Photosynthese zu betreiben. 10 % der Schüler lassen durch ihr Antwortverhalten vermuten, dass sie die Art der Energie, welche für die Fotosynthese benötigt wird nicht korrekt bezeichnen können (Marmoti & Galanopoulous, 2006).

Tabelle 5: Queranalyse der Schülerantworten auf die Fragen "Welche Rolle spielt die Sonne für die Fotosynthese" und "Wann findet Fotosynthese in der Pflanze statt?"

Antwort	%
Die Sonne stellt der Pflanze Energie bereit, die für die Fotosynthese benötigt wird und die Fotosynthese findet nur bei ausreichend Licht statt.	35
Die Sonne stellt der Pflanze Energie bereit, die für die Fotosynthese benötigt wird und die Fotosynthese findet immer statt.	25
Die Sonne stellt der Pflanze Energie bereit, die für die Fotosynthese benötigt wird und die Fotosynthese findet tagsüber statt.	15
Die Sonne wärmt die Pflanze, was wichtig für die Fotosynthese ist und die Fotosynthese findet tagsüber statt.	10

Die Ergebnisse der Tabelle 6 verdeutlichen, dass einige Schüler die Art der Energie, die für die Photosynthese benötigt wird, nicht richtig zuordnen können. 55 % der Schüler entscheiden sich für die richtige Antwort, dass die Energie aus dem Sonnenlicht für die Photosynthese benötigt wird. 30 % der Schüler kreuzen an, dass Wärmeenergie für die Photosynthese von Bedeutung ist.

Tabelle 6: Schülerantworten (%) auf die Frage "Welche Art von Energie wird für die Fotosynthese benötigt?"

Antwort	%
Energie aus Sonnenlicht.	55
Wärmeenergie	5
Energie aus Sonnenlicht und Wärme	25
Energie aus der Pflanzennahrung	0
Keiner der genannten Begriffe	15

Um dieses Phänomen genauer zu untersuchen, wurde den Schülern die, in Tabelle 7 dargestellte, Frage gestellt. 35 % der Schüler entschieden sich für die richtige Antwort, dass die Energie während der Photosynthese gespeichert wird. Hingegen wählten weitere 35 % dass Energie verloren geht.

Tabelle 7: Schülerantworten (%) auf die Frage "in welchem Zusammenhang stehen die Energie und die Fotosynthese?"

Antwort	%
Energie wird während der Fotosynthese produziert.	15
Energie wird während der Fotosynthese gespeichert.	35
Energie geht während der Fotosynthese verloren.	35
Keiner der Antworten ist richtig.	15

5.3 Photosynthese als eine chemische Reaktion

Die in Tabelle 8 aufgeführten Fragen, sollen verdeutlichen, ob die Schüler die Reaktionsäquivalente der Photosynthese-Reaktion zuordnen können.

40 % der Schüler beantworten die Frage nach den Ausgangsstoffen richtig. 75 % der Schüler entscheiden sich bei der Frage für eine Antwortmöglichkeit in der Kohlenstoffdioxid vorkommt. Die Frage nach den Photosyntheseprodukten wird von 60 % der Schüler richtig beantwortet und scheint ihnen somit leichter zu fallen, wie es auch Stavy et al. (1987, S. 111) in ihrer Arbeit feststellen konnten. Hier entscheidet sich ebenfalls die Mehrheit für eine Antwortmöglichkeit, welche Sauerstoff enthält (70 %). Dies könnte der Schülervorstellung entsprechen, dass die Photosynthese einen umgekehrten Atmungsprozess zu dem der Menschen darstellt. Kohlenstoffdioxid wird ein- und Sauerstoff ausgeatmet (Stavy et al., 1987, S. 105).

Tabelle 8: Schülerantworten auf die Fragen "Welche Ausgangsstoffe werden für die Fotosynthese benötigt?" und "Was wird während der Fotosynthese produziert?"

Welche Ausgangsstoffe werden für die Fotosynthese benötigt?		Was wird während der Fotosynthese produziert?	
Antwort	%	Antwort	%
Kohlenstoffdioxid und Wasser	40	Kohlenstoffdioxid und Glukose	25
Sauerstoff und Glukose	20	Kohlenstoffdioxid und Wasser	5
Kohlenstoffdioxid und Glukose	35	Sauerstoff und Wasser	10
Sauerstoff und Wasser	5	Glukose und Sauerstoff	60

Die Ergebnisse der Tabelle 9 zeigen, dass die Mehrheit der Schüler die Reaktionsäquivalente der Photosynthese-Reaktion nicht richtig zuordnen kann. Lediglich 30 % der Schüler gelingt eine richtige Zuordnung. Alle anderen Schüler entscheiden sich für jeweils ein und dieselbe Substanz als Ausgangsstoff und Produkt. Zwei Schüler (10 %) wählen bei beiden Fragen dieselbe Antwort aus. Dieses Ergebnis verdeutlicht, dass Schüler keine Vorstellung einer chemischen Reaktion haben, bei der zwei Ausgangsstoffe zu chemisch veränderten Produkten reagieren (Marmoti & Galanopoulous, 2006, S. 394).

Tabelle 9: Queranalyse der Schülerantworten zu den Fragen "Welche Ausgangsstoffe werden für die Fotosynthese benötigt?" und "Was wird während der Fotosynthese produziert?"

Antwort	%
Sie benötigen Kohlenstoffdioxid und Wasser und produzieren Glukose und Sauerstoff.	30
Sie benötigen Kohlenstoffdioxid und Glukose und produzieren Glukose und Sauerstoff.	20
Sie benötigen Sauerstoff und Glukose und produzieren und produzieren Sauerstoff und Wasser.	10
Sie benötigen Kohlenstoffdioxid und Glukose und produzieren Kohlenstoffdioxid und Glukose.	10

Um die chemischen Prozesse der Photosynthese vollständig zu durchdringen, müssen die Schüler ebenfalls verstehen, dass Chlorophyll obwohl es für die Photosynthese notwendig ist, weder ein Ausgangsstoff, noch ein Produkt dieser Reaktion darstellt (Marmoti & Galanopoulous, 2006, S. 394). Um dies herauszufinden wurde die in Tabelle 10 aufgeführte Frage gestellt. Die Ergebnisse zeigen, dass 50 % der Schüler die Notwendigkeit des Chlorophylls für die Photosynthese richtig erkennen. 40 % der Schüler kreuzen hingegen an, dass Chlorophyll Teil der chemischen Reaktion ist, also währenddessen produziert oder verbraucht wird.

Tabelle 10: Schülerantworten (%) zu der Frage "Welche Rolle spielt das Chlorophyll bei der Fotosynthese?"

Antwort	%
Chlorophyll wird während der Fotosynthese produziert.	25
Ohne Chlorophyll kann keine Fotosynthese stattfinden.	50
Chlorophyll ist unwichtig für die Fotosynthese.	10
Chlorophyll wird während der Fotosynthese verbraucht	15

5.4 Autotrophie

Die Ergebnisse der Tabelle 11 sollen zeigen, ob die Schüler die autotrophe Lebensweise von Pflanzen erkennen. Lediglich 25 % der Schüler entscheiden sich für die richtige Antwort. Weitere 15 % berücksichtigen die Autotrophie der Pflanzen, entscheiden sich aber für die falschen Ausgangsstoffe.

45 % der Schülerantworten stimmen mit der häufig vertretenen Schülervorstellung überein, dass Pflanzen, ähnlich wie Menschen alle Nährstoffe über ein gewisses Organ aufnehmen (Stavy et al., 1988, S. 112). Die Mehrzahl der Schüler (60 %) vernachlässigt die autotrophe Lebensweise der Pflanzen und damit eine wichtige Aufgabe der Photosynthese für die Pflanze. Dies entspricht einem weiteren typischen Denkmodell von Schülern, wobei die Photosynthese als reiner Gasaustausch, also Atmungsprozess der Pflanze, verstanden wird.

Tabelle 11: Schülerantworten auf die Frage "Wie ernähren sich Pflanzen?"

Antwort	%
Indem sie ihre Nährstoffe selbst aus Wasser und Kohlenstoffdioxid produzieren.	25
Indem sie ihre Nährstoffe selbst aus Wasser und Sauerstoff produzieren.	15
Indem sie ihrer Umgebung alle benötigten Nährstoffe entnehmen.	15
Indem sie über die Wurzeln alle benötigten Nährstoffe der Erde entnehmen.	45

6 Diskussion

Die ausgewählte Erhebungsmethode bietet neben den bereits beschriebenen Vor- und Nachteilen die zusätzlichen Nachteile, dass Schüler den Fragebogen nur teilnahmslos beantworten, oder beim Sitznachbarn abschreiben. Beides würde die Ergebnisse erheblich verzerren. Die hier erhaltenen Ergebnisse sind, trotz der sehr kleinen Stichprobe, zum Teil mit den Ergebnissen von Marmoti & Galanopoulous (2006) vergleichbar. Die Ergebnisse ermöglichen einige Einblicke in das Verständnis der Schüler über die Photosynthese und über die zugehörigen naturwissenschaftlichen Grundlagen. Da Schülervorstellungen sehr viel umfangreicher sein können, als die hier abgefragten, besteht weiterhin die Möglichkeit einige individuelle Schülervorstellungen nicht erkannt zu haben. Im

Hinblick auf die Forschungsfrage konnten jedoch einige Denkfiguren aufgedeckt werden. Aus den Ergebnissen lassen sich weitere Fragen ableiten, an die im Unterricht angeknüpft werden kann, um einen genaueren Einblick in die Vorstellungen der Schüler zu erhalten. Um aussagekräftigere Ergebnisse aus der Befragung selbst zu erhalten hätten, wie auch in der Originalstudie vorgegeben, weitere offene Fragen integriert werden müssen. Auf Empfehlung der Fachlehrerin wurden diese jedoch absichtlich ausgelassen, da sie in diesem Fall für die Schüler zu anspruchsvoll gewesen wären. Des Weiteren hätten die Fragen aus dem Themenbereich „Photosynthese und Zellatmung" noch detailliertere Ergebnisse liefern können, um weitere Aussagen über bestehende Schülervorstellungen zu ermöglichen. In einem künftigen Anlauf würde es sich empfehlen, die Stichprobengruppe in mehreren Unterrichtsstunden (zum Thema) zu beobachten, um besser einschätzen zu können, auf welchem Niveau den Schülern Fragen gestellt werden können. Da die Schüler nur wenige Doppelstunden zum Thema Photosynthese hatten, wurden zum Beispiel Begriffe wie Autotrophie nicht erläutert. Da die Schüler größtenteils mit Buchtexten arbeiteten (siehe Anhang), wäre es interessant gewesen, in einer Vergleichsstudie Schülerantworten zu untersuchen, welche das Thema methodisch anders aufgearbeitet haben.

7 Perspektiven für den Unterricht

Das Arbeiten mit Schülervorstellungen ist in den Naturwissenschaften sehr wichtig. „Ohne ausdrückliches Abbauen falscher Vorstellungen werden keine tragfähigen neuen Vorstellungen erworben" (Piaget, 1973, zitiert nach Barke, et al., 2015, S. 22). Dafür sollten die verschiedenen Schülervorstellungen bekannt sein, um in der Unterrichtsplanung auch Strategien zur Reduktion von Fehlvorstellungen einbauen zu können (Barke et al., 2015, S. 20). Daher ist für mich die Auseinandersetzung mit Schülervorstellungen im Biologieunterricht unumgänglich.

Die Ergebnisse verdeutlichen, dass Unterrichtsinhalte schon nach wenigen Wochen bei den Schülern in Vergessenheit geraten können. Obwohl die Schüler wenige Monate zuvor das Thema Photosynthese im Unterricht hatten, sind grundlegende Erkenntnisse teilweise nicht bestehen geblieben und gewisse Schülervorstellungen konnten nicht korrigiert werden. Deshalb möchte ich das Wissen meiner künftigen Schüler immer wieder in Form von Transferaufgaben überprüfen. Bestandsaufnahme des Schülerwissens und der -vorstellungen sollten schon vor der Planung eines Unterrichtsvorhabens geschehen, um diesen effektiv entgegenzuwirken.

Die Ergebnisse der vorliegenden Arbeit sind meines Erachtens ausreichend, um eine Übersicht grober Fehlvorstellungen der Lerngruppe zu erhalten oder um eine Lernzielkontrolle zu ermöglichen. Ich kann mir vorstellen einen Fragebogen dieser Art oder in ähnlicher Form auch im eigenen Unterricht zu verwenden.

8 Literaturverzeichnis

Canal, P. (1999). Photosynthesis and "inverse respiration" in plants: An inevitable misconception? *International Journal of Science Education, 18,* 201-206.

Barke, H.-D., Harsch, G., Marohn, A., & Krees, S. (2015). *Chemiedidaktik kompakt. Lernprozesse in Theorie und Praxis* (2. Aufl.). Berlin, Heidelberg: Springer.

Barker, M., & Carr, M. (1989). Teaching and learning about photosynthesis. Part 1: An assessment in terms of students' prior knowledge. *International Journal of Science Education, 11,* 49-56.

Bell, B. (1985). Student's ideas about plant nutrition: what are they? *Journal of Biological Education, 19,* 213-218.

Eisen, Y., & Stavy, R. (1988). Studens' understanding of photosynthesis. *The American Biology Teacher, 50,* 208-212.

Hammann, M. & Asshoff R. (2014). Schülervorstellungen im Biologieunterricht. Ursachen für Lernschwierigkeiten. Seelze: Friedrich Verlag GmbH.

Haslam, F., & Treagust, D. (1987). Diagnosing secondary students' misconceptions of photosynthesis and repiration using a two-tier multiple choice instrument. *Journal of Biological Education, 21,* 203-211.

Markl Biologie. Schülerband 7./8. Schuljahr. Klett Ernst Verlag.

Marmaroti P., & Galanopoulou D. (2006). Pupils' Understanding of Photosynthesis: A questionnaire for the simultaneous assessment of all aspects. *International Journal of Science Education, 28,* 383–403.

Ministerium für Schule und Weiterbildung des Landes Nordrhein-Westfalen (Hrsg.) (2008). Kernlehrplan für das Gymnasium – Sekundarstufe I in Nordrhein-Westfalen Biologie.

Parker, J. M., Anderson, C. W., Heidemann, M., Merill, J., Merritt, B., Richmond, G., Urban-Lurian, M. (2012): Exploring Undergraduates' Understanding of Photosynthesis Using Diagnostic Question Clusters. *CBE – Life Sciences Education, 11,* 47 - 57.

Tamir, P. (1991). Multiple choice items: How to gain the most out of them. *Biochemical Education 19,* 188-192.

Schubert, S. (2011). *Pflanzenernährung – Grundwissen Bachelor* (2. Aufl.). Stuttgart: UTB GmbH.

Seymour, J. & Longden, B. (1999). Respiration – that's breathing isn't it*? Journal of Biological Education, 25 (3), 177-183.*

Stavy, R., Eisen, Y., & Yaakobi, D. (1987). How students aged 13-15 unterstand photosynthesis. *International Journal of Science Education, 9,* 105 – 115.

Steigert, T. (2012). *Schülervorstellungen zum Pflanzenstoffwechsel und die Bedeutung von Experimenten bei der Entwicklung von Konzepten.* Hamburg.

Waheed, T., & Lucas, A. (1992). Unterstanding interrelatated topics: Photosynthesis at age 14+. *Journal of Biological Education, 26,* 193-199.

9 Anhang

Tabelle 12: Statements und dazugehörige Items, für die jeweiligen Themenbereiche des Schülerfragebogens

Statements	Items (Multiple Choice)
Physiologie Photosynthese findet hauptsächlich in den Blättern (in allen grünen Bereichen der Pflanze) statt.	Wo findet die Fotosynthese in einer Pflanze statt?
Das Chlorophyll ist verantwortlich für die Grünfärbung der Pflanze. Es ist essentiell für die Photosynthese, welche nur bei ausreichend Sonnenlicht stattfinden kann.	Wo befindet sich das Chlorophyll in der Pflanze? Wann findet die Photosynthese in der Pflanze statt?
Photosynthese und Energie Das Sonnenlicht ist für die (Lichtreaktion der) Photosynthese notwendig, nicht die Wärmeenergie.	Welche Rolle spielt die Sonne für die Fotosynthese?
Die Lichtenergie der Sonne wird während der Photosynthese in chemische Energie umgewandelt.	Welche Art der Energie wird für die Fotosynthese benötigt? In welchem Zusammenhang stehen die Energie und die Fotosynthese?
Photosynthese als chemische Reaktion Die Photosynthese ist eine chemische Reaktion, bei der die Ausgangsstoffe Kohlenstoffdioxid und Wasser sind und die Produkte Glukose und Sauerstoff.	Welche zwei Ausgangsstoffe werden für die Photosynthese benötigt? Was wird während der Fotosynthese produziert?
Obwohl Chlorophyll für die Photosynthese notwendig ist, ist es weder Ausgangsstoff noch Produkt der chemischen Reaktion der Photosynthese.	Welche Rolle spielt das Chlorophyll bei der Fotosynthese?
Autotrophie Pflanzen sind autotrophe Organismen, weil sie ihre organischen Nährstoffe mithilfe der Photosynthese selbst produzieren können.	Wie ernähren sich Pflanzen? Was entnehmen die Pflanzen ihrer Nahrung?

Tabelle 13: Excel Tabelle zur Auswertung der erhobenen Daten

Schüler	Frage 1	Frage 2	Frage 3	Frage 4	Frage 5	Frage 6	Frage 7	Frage 8	Frage 9	Frage 10
1.	B	B	B	A	C	B	C	C	D	B
2.	A	B	B	A	B	B	A	B	D	C
3.	B	B	D	C	B	D	A	C	D	B
4.	C	B	B	A	A	D	C	C	A	B
5.	A	B	B	C	B	A	E	A	B	D
6.	A	A	D	A	A	D	A	C	A	B
7.	A	A	B	D	B	D	E	C	D	D
8.	B	B	D	A	B	D	C	B	D	B
9.	A	B	D	C	A	D	A	B	D	C
10.	A	B	B	A	D	B	A	B	D	A
11.	A	B	B	A	A	A	A	C	D	C
12.	A	B	B	C	B	A	A	A	D	C
13.	A	B	D	B	B	D	A	C	A	C
14.	A	B	B	C	B	A	C	A	D	B
15.	A	A	D	C	D	D	A	C	A	D
16.	A	B	D	C	D	D	A	C	A	C
17.	A	D	B	B	C	C	B	C	D	C
18.	A	B	A	A	B	C	C	B	D	B
19.	D	B	B	B	A	A	E	D	C	A
20.	A	B	B	B	B	C	A	C	C	A

ANTWORT	Frage 1	Frage 2	Frage 3	Frage 4	Frage 5	Frage 6	Frage 7	Frage 8	Frage 9	Frage 10
A	75%	15%	5%	40%	25%	25%	55%	15%	25%	15%
B	15%	80%	60%	20%	50%	15%	5%	25%	5%	35%
C	5%	0%	0%	35%	10%	15%	25%	55%	10%	35%
D	5%	5%	35%	5%	15%	45%	0%	5%	60%	15%
E							15%			

Originalfragebögen

(nicht in der elektronischen Version vorhanden)

BEI GRIN MACHT SICH IHR WISSEN BEZAHLT

- Wir veröffentlichen Ihre Hausarbeit,
  Bachelor- und Masterarbeit

- Ihr eigenes eBook und Buch -
  weltweit in allen wichtigen Shops

- Verdienen Sie an jedem Verkauf

Jetzt bei www.GRIN.com hochladen
und kostenlos publizieren